U0155157

DK动物成长小百科

英国DK出版社 著

臧丹 译

王传齐 审订

科学普及出版社

·北 京·

在这本书中你会了解到我们是怎么玩耍的。

Original Title: Animal Playtime (Special)
Copyright © Dorling Kindersley Limited, 2011, 2022
A Penguin Random House Company

图书在版编目（CIP）数据

DK动物成长小百科 / 英国DK出版社著；臧丹译. --
北京：科学普及出版社，2023.10
书名原文：Animal Playtime (Special)
ISBN 978-7-110-10557-3

Ⅰ.①D… Ⅱ.①英…②臧… Ⅲ.①动物—青少年读
物 Ⅳ.①Q95-49

中国国家版本馆CIP数据核字(2023)第172076号

策划编辑 邓 文
责任编辑 梁军霞
图书装帧 金彩恒通
责任校对 邓雪梅
责任印制 徐 飞

科学普及出版社出版
北京市海淀区中关村南大街16号
邮政编码：100081
电话：010-62173865 传真：010-62173081
http://www.cspbooks.com.cn
中国科学技术出版社有限公司发行部发行
嘉兴市海鸥纸品有限公司印刷
开本：889毫米×1194毫米 1/16
印张：4 字数：80千字
2023年10月第1版 2023年10月第1次印刷
ISBN 978-7-110-10557-3/Q·292
印数：1—8000册 定价：49.80元

www.dk.com

目录

让我们一起玩耍吧

什么时候才是你一天中最快乐的时光呢？当然是游戏时间啦！小动物们也一样喜欢做游戏——但对它们来说，做游戏的意义并不只是为了打发无聊的时光，在做游戏的过程中学习并掌握各种生存技能才是最重要的。

学习攀爬技巧

在小猴子眼中，森林就像一个巨大的攀爬架。学习攀爬技巧对年幼的猴子来说至关重要，等它们长大后，便可以自由地在丛林中穿梭。

我才没有滑倒！老实说，我只是想用尾巴把自己挂在树上。

奔跑、跳跃、攀爬、突袭、

交朋友

很多动物喜欢群居，能让这些小动物团结友爱相处的最好方式就是在一起玩耍，就像你和你的小伙伴们一样。

你抓不到我吧

在自然界中，许多动物都会面临被捕食的风险。对于这些动物来说，从幼年时期就开始在玩耍中练习奔跑和躲避等一系列本领，能够帮助它们更快地适应大自然，从而提升存活的希望。

掌握捕猎技巧

当小狗追着球玩的时候，其实它正在练习野外生存必须掌握的捕猎技巧。而小狐狸一般通过和同伴们在游戏的过程中追逐、打闹和突袭来练习捕猎技巧。

追逐——你喜欢怎样玩耍呢？

宠物游乐园

　　如果你养过宠物仓鼠，你就会发现它们有多么地沉迷于玩耍。夜晚，它们会饶有兴致地探索巢穴的每一个角落。而且它们还十分乐于寻找美食，总是把自己的腮帮子塞得满满的。

我爱攀爬

　　仓鼠喜欢昼伏夜出。到了晚上它们就会醒过来并开始玩耍。它们很喜欢主人为它们准备的攀爬玩具。

哇，这味道棒极啦！

你能找到我吗？

保持健康

　　仓鼠轮是一种专门为仓鼠设计的健身器材，能帮助仓鼠在疯狂进食的同时保持良好的健康状态。仓鼠还很喜欢钻洞，它们会爬进每一处能找到的隧道。

疯狂的小猫咪

小猫咪有着极其旺盛的精力，尤其是在玩耍、追逐和打闹上。它们玩闹时的动作很大程度上是在模仿野猫捕食时的动作。

这里面有什么呀

猫咪对于探索空袋子或者空盒子十分执着且疯狂，它们非常喜欢钻进去一探究竟，甚至躲在里面不肯出来。猫咪还很喜欢躲在隐秘的地方，比如它会躲在床底下，并出其不意地向你扑过来。

预备……冲呀

当猫咪发现了它们想玩的东西时，便会蹲下来紧盯着目标，并不断摩擦毛茸茸的前爪。它们准备好后便会突然出击，抓住"猎物"。

猫咪几乎能把任何物品都玩得津津有味。

我能抓住它

无论小猫还是成年猫，它们在玩玩具的时候就像杂技演员一样灵活。它们时而高高跃起蹿到半空中，时而用后腿站起来，时而在地上滚来滚去。

妈妈，快醒醒，该起来陪我玩啦！

我想玩

小猫比成年猫更爱玩耍，就像小孩子往往比他们的爸爸妈妈更喜欢玩耍一样。

我找到它了

玩游戏对狗狗来说是十分重要的，甚至可以说玩耍是它们一天中最主要的活动之一。宠物狗非常喜欢主人将它们的玩具远远地抛出去，它们再跑过去捡回来。

球类游戏

无论小狗还是大狗都很喜欢玩游戏。它们通常和主人或是其他狗狗一起玩耍。它们玩的游戏包括捡物游戏、寻宝游戏、躲藏游戏，等等。

狗狗向你摇尾巴，

陪我玩玩吧

狗狗虽然不会说话，但它们的肢体语言十分丰富。想要玩耍的时候，它们会用自己的方式让你知道——它们会把前腿放低，让前半身趴在地上，并不断地摇尾巴。

那是我的

在某些地方，有专门为狗狗举办的飞盘大赛，并且十分流行。参加比赛的狗狗都会竭尽全力取得飞盘的控制权，争得第一名。

是在告诉你它很高兴。

爱跳的小羊羔

小羊羔十分爱玩耍，它们每天都精力充沛，一刻不停地奔跑、跳跃着。它们对所有的事物都充满好奇，甚至会爬到彼此的身上，只是为了看看这样做会发生什么。

你们不要到处乱跑，该吃饭了。

小羊羔喜欢蹦跳和玩耍，

好好玩

　　和你一样，小羊在与朋友们玩耍时也会变得比平常更加兴奋。当它们玩得十分开心时，便会互相玩起顶犄角的游戏。

聚在一起

　　在大部分时间里，小羊们都喜欢聚在一起。羊群通常都有一只强大的公羊作为领头羊，如果某只羊不小心与羊群走散了，那么它的生存便会十分艰难。

妈妈，
谢谢你背着我。

而成年羊则喜欢吃草和打盹儿。

小马驹只是在闹着玩

　　人们通常把从出生到三岁的幼龄马称为马驹。在小马驹没有吃饭或者睡觉的时候，它们会去玩耍。其实，玩耍也是小马驹认识世界的重要途径。

　　马儿们很喜欢在地上打滚儿。对它们来说，打滚儿是一种很好的舒活筋骨的方式。图片上的这只小马驹看到它的妈妈正在打滚儿，于是也加入进来和妈妈一起玩。

我要去跑步啦

　　马驹十分喜欢和它们的妈妈或者其他的伙伴们一起玩。当然，它们也非常喜欢在草原上独自奔跑，尽情释放自己的天性。

当小马驹没有玩耍时，

让我们一起去玩吧

　　不同的母马生出来的马驹很喜欢在一起玩耍，前提是它们从小就一起长大。这使得它们的妈妈能够从疲惫的带娃生活中解脱出来，有时间去吃草和休息。

　　马儿们讨厌孤独，因此它们十分需要能够维系一生的友谊。在这段友谊中，它们会互相陪伴，互相学习，并且一起成长。

它们通常在睡觉，并且一睡就是半天。

小鸭子玩累了怎么办

刚出生的小鸭子在几个小时后就能下水游泳。但就像小孩子学走路一样，它们游一会儿后就会感到累了。

嘿！往前一点！你看看你前面还有那么大的空间，你要是再往后，我就要掉下去了！

妈妈快来救救我

图中的这几只小秋沙鸭游了一整天，已经十分疲惫了。但是它们所处的位置离岸边太遥远了，于是它们决定爬上妈妈的后背"搭便车"回家。

小秋沙鸭在仅仅出生一天后

全体上"船"

幼天鹅在一天大的时候就会在水面上游泳。一有危险迹象，它们就会跳到妈妈的背上，安全地躲在妈妈的翅膀下。

就能独自潜到水下觅食。

小北极狐的欢乐时光

北极狐的巢穴通常都很大。年幼的北极狐通常会有七个兄弟姐妹，有时甚至更多。因此，小北极狐会有很多玩伴。

咱们躺下睡会儿吧，睡醒后才有精神玩得更久。

小北极狐经常在地上翻滚、打闹。它们玩了一整天，现在都安安静静地依偎在一起准备睡觉了。

北极狐的皮毛在夏天是棕色的，

我抓住你了

通过格斗游戏，小北极狐学会了捕猎技巧，也学会了如何保护自己。

这个游戏真好玩，但是我相信我能比你跳得更高。

预备、锁定目标、出击

在深冬时节，北极狐捕猎时会藏在厚厚的雪层下面，它们通过听觉确定猎物的位置，然后发起突然袭击。这一系列捕猎技巧都是在小时候的玩耍中学会的。

到了冬天就会变成银白色。

小北极熊的游乐场

在冰天雪地的极地地区，小北极熊需要给自己找点快乐的事情做。小北极熊非常喜欢四处探索，即使是成年的北极熊也会在自己领地的冰面上四处巡逻。

小北极熊的"决斗"

成年的雄性北极熊通常会用决斗的方式来争夺首领的位置。当小北极熊在一起摔跤时，那是它们正学着成年北极熊的样子练习格斗技巧。

当小北极熊跟随妈妈捕猎时，

不要叫醒妈妈

小北极熊通常会有一到两个兄弟姐妹。它们经常会在一起摔跤或者玩一些粗犷的游戏，比如把它们的妈妈当作攀爬架。

为什么这些小熊崽会如此快乐？

它们总是精力充沛。

乘风破浪的小海豚

　　海豚拥有流线型的身材和强有力的尾巴，它们生来就是大海中的游泳健将。它们成群结队地在大海中飞速遨游，还会时不时地嬉戏打闹。

一起去冲浪吧

　　不仅仅是人类喜欢冲浪，海豚也喜欢冲出水面在波浪上起舞。而且，海豚很喜欢和船只一起乘风破浪，这样它们就可以在船只激起的波浪中尽情起舞。

看！我们不需要冲浪板就能冲浪。

我们也会空翻

虽然海豚属于海洋中的大型动物，但它们也能在空中翻筋斗。它们会用强有力的尾巴将自己推出水面，再在空中扭动身体翻滚一圈。

水中的玩具

海豚和你一样聪明，它们会不停地寻找新的事情去做，所以很少会感到无聊。它们会玩海藻，追逐海龟或者与其他伙伴们一起打闹。

森林里的快乐

小浣熊就像小猫一样顽皮。它们喜欢在森林的家中与兄弟姐妹一起四处翻滚、打闹、做游戏。

哎呀，要掉下去啦

浣熊是十分优秀的登山家。为了练习平衡技巧，小浣熊们经常爬树，但练习的过程并不总是一帆风顺！当两只小浣熊在同一根树枝上准备超过彼此时，它们就有可能滑倒并从树上掉下去。

浣熊吃东西之前，常常把食物放在水中清洗，因而得名"浣熊"。

通常，浣熊妈妈一胎会生三到七只浣熊宝宝。

是有人来了吗？
快躲起来！

足够大的空间

浣熊一家住在同一个巢穴里，所以它们的巢穴必须要足够大。它们通常会找空心树或者地下洞穴来建造巢穴，甚至有时会跑到人类废弃的房子里居住。

岩石城堡上的小国王

山羊特别喜欢攀岩，常常在陡峭的岩壁上行走。小山羊在日常的玩耍中就学会了攀岩和跳跃。

接招吧

小山羊喜欢顶犄角。有些小山羊对此十分着迷，总是想找它的小伙伴们比试比试。

山羊与羚羊有着

我会"飞"

山羊从来不会恐高，它们能够轻松地越过陡峭的山涧。蹄子底部厚厚的角质，使它们能随心所欲地在岩石间跳跃。

我真的能做到吗

小山羊通常能够跳得很远，但在起跳前它们会仔细观察周围的环境。图中的这只小山羊就在认真思考该怎样爬上这块比自己大数倍的岩石。

很近的血缘关系。

我抓到你了

水獭非常贪玩。它们很喜欢和其他的水獭一起玩，也会从泥泞的河岸或者雪坡滑下去自娱自乐。

我抓住你了！现在换你来抓我了，你能抓住我吗？

水獭对一切都充满了好奇，

独自奔跑

　　水獭很喜欢跑步，但在冬天的时候，它们更喜欢像平底雪橇一样在雪地上滑行。滑行时，水獭会将腹部朝下趴在雪地上，滑到河边，再"扑通"一声跳进水里。

让我们比一比，谁能潜得更深。

一起玩耍

　　大多数的水獭和家人生活在一起，家庭成员之间的关系十分亲密。水獭喜欢和它的兄弟姐妹一起打滚、跳跃、玩耍。

水中的生活

　　水獭每天要花很多时间在水中捕食小鱼、螃蟹和小龙虾。它们还喜欢一起捉迷藏或者潜水。

它们探索河岸并寻找可以安家的地方。

该休息啦

　　水豚大部分时间都在和它的家庭成员一起休息。它们通过吠叫、吹口哨或发出"咕噜咕噜"的声音来互相交流。

刚刚睡得真香，但是现在好热啊，我准备去游泳了。

小水豚出生几个小时后

游泳健将

　　水豚非常喜欢游泳和潜水。它们的鼻子、眼睛、耳朵在头上的位置相较于其他动物都比较靠上。这使得它们在游泳的时候，嗅觉、视觉和听觉都不会受到影响。

好吧，咱们先去游泳吧。等会儿再去吃草。

避暑

　　在夏天炎热的午后，水豚会到溪水或河水中避暑。它们会和父母及兄弟姐妹一起在水里待上几个小时。等太阳落山后它们才会开始捕食。

就会游泳了。

小熊也要活出"熊样"

通常来说，熊妈妈一胎会生一到四只熊宝宝。小熊会尽可能多地和它们的妈妈一起玩耍，也会和兄弟姐妹一起玩几个小时。

打水仗

小熊们很喜欢打水仗，它们也正是通过这个游戏来学习成年熊的生存技能。当有其他的熊靠近成年熊刚捕获的鱼时，成年熊会毫不犹豫地予以还击，以此来保护它们的战利品。

熊不仅喜欢爬树，

那是我的

　　熊的下颚有着惊人的咬合力。如果两只小熊同时看上了一个玩具，它们就会咬住玩具并拼尽全力将它夺走。

哦，天啊！
我爬得太高了，
我该怎么下去啊？

一起向上爬吧

　　熊是杰出的"爬树运动员"，但刚开始学习爬树的小熊也会遇到困难。俗话说："上山容易下山难。"

还喜欢在水中玩耍。

快看你身后是什么

狐獴生活在由三十几个成员组成的大家庭中，其中包括成年狐獴和刚出生的狐獴宝宝。成年狐獴的任务就是充当保姆轮流照看小狐獴，因为它们十分贪玩。

团结一致

对于狐獴来说，生活在大家庭中，所有成员团结一致、融洽相处是最重要的。一起玩耍能够帮助狐獴交到朋友并相互建立信任感。

警惕

狐獴的警惕性很高，即使是在它们最放松的日光浴时间，狐獴也不会放松警惕。但是对精力充沛的小狐獴来说，它们更喜欢捕食昆虫。

狐獴主要居住在非洲的大沙漠里。

坚持训练的小猎豹

　　猎豹在广袤的大草原上捕猎。为了学会捕猎，小猎豹需要学会观察、追逐和攻击猎物。这些技能都是它们在年幼时和兄弟姐妹的玩耍中习得的。

为战斗而生的尖牙和利爪

　　猎豹会在高速追击中用利爪扑倒猎物，再用下颚将它们置于死地。小猎豹玩的摔跤游戏就是在模仿成年猎豹捕猎时的动作，但是它们对彼此会更加温和。

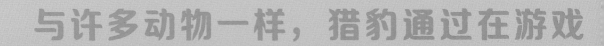

与许多动物一样，猎豹通过在游戏

猎豹是世界上奔跑速度最快的哺乳动物。它们捕猎时的奔跑速度可以和高速公路上的汽车一样快，但是它们只能坚持二十秒。那些猎物只有跑得和猎豹一样快并且更有耐力，才能够逃脱它们的追捕。

家庭关系

猎豹妈妈每胎会生三到四只猎豹宝宝。小猎豹长到二十个月大时就会离开它们的母亲，不过猎豹常常会和它的兄弟姐妹相伴一生。

你在上面看到猎物了吗？快换我来看看！

中模仿它们的父母来学习生存技能。

玩耍的一天

年幼的黑猩猩就像小孩子一样，它们会和小伙伴们玩上一整天。成年黑猩猩也喜欢玩耍，这能够帮它们在群体里交到朋友。

休息时间到

在树枝上荡秋千、互相追逐、摔跤，都是黑猩猩喜欢的游戏。玩了一天，它们已经很累了。此时黑猩猩会爬到树上，用树叶筑巢休息。

黑猩猩喜欢被挠痒痒，它们甚至会笑。

走快点吧

黑猩猩一胎一般只生一只小黑猩猩，但有时候也会出现双胞胎的情况。小黑猩猩通常骑在妈妈的背上，直到五岁的时候才会离开妈妈。当小黑猩猩独立生活后，母黑猩猩才会再次生下小宝宝。

黑猩猩是灵长类动物（哺乳动物的一种）。所有的猩猩和猴子都是灵长类动物——人类也一样。事实上，从生物学角度来看，猩猩是和人类血缘关系最近的物种。这就是为什么有时候猩猩的行为和人类极其相似。

你找到食物了吗

上图中的年轻黑猩猩正试图在蚁丘里捕捉美味的白蚁。它们正是通过在游戏中模仿成年黑猩猩的动作而学会这一技能的。

黑猩猩的笑声听起来像人的喘息声一样。

我喜欢用
长鼻子把泥巴
甩得到处都是。小心
不要溅到你哦!

大象喜欢生活在炎
热的地方,比如非洲和
印度的某些地区。它们喜欢在
泥潭中玩耍。因为泥浆是自然界的
天然防晒霜。当大象在泥潭里打闹嬉
戏的时候,泥浆会包裹它们全身,形
成一层保护膜,防止身体被强烈的
阳光晒伤,还能避免被各种
毒虫叮咬。

一起玩泥巴

　　大象是一种群居动物，象妈妈会带着孩子们一起在泥浆中"淋浴"。这对大象来说十分有趣并且有利于健康。

大象以家族为单位生活在一起。如果小象陷在泥潭里出不来，很快就会有成年大象把它们救出来。

我一定会赢得这场象鼻摔跤比赛的。

大象的长鼻子不仅用于呼吸，还可以用来打招呼、摔跤或者拔河。

"神圣"的泥浆

　　如果你在外面玩了一身的泥，父母会不会训斥你呢？大象妈妈就不会。大象妈妈会教孩子们在泥潭里打滚儿，用这种方法可以让它们在炎热的天气里保持凉爽。

抓住你啦

年幼的小狮子需要学习如何捕猎，这是确保每只小狮子长大后能够独自觅食的必经之路。小狮子通过和小伙伴们一起追逐打闹来练习捕猎技巧，但是它们并不会真的伤害到对方。

成为最强的猎手

在狮群中，成年雌性狮子负责捕猎。它们通常分成两组，一组负责追赶猎物，另一组负责将猎物杀掉。在它们还是幼狮的时候，分组的选拔就已经开始了。在玩耍的过程中，小狮子就会找到自己最擅长的"任务"。

快来这里

与小猫一样，小狮子也喜欢捕捉各种快速移动的东西。这种训练对它们长大后在广袤的大草原上捕猎很有帮助。

狮群中总会有狮子陪小狮子玩耍。

狮子是唯一一种群居的大型猫科动物。一个狮群中通常有四到六只母狮子，而每只母狮子最多会生六只小狮子，所以狮群中往往会有许多小狮子需要照顾。

爸爸，你可以试着阻止我，但是我会反抗的哦！

43

小狒狒的技巧训练

狒狒是群居动物，通常30～60只为一个家族。小狒狒大部分时间都在玩耍。

梳洗时间

狒狒会互相梳理毛发，对它们来说，这是一种增进友谊的方式。

啊哈！
我喜欢玩"跳马"！

狒狒用各种"呼噜""咔嚓"

这边还是那边

狒狒行动十分敏捷，它们会突然跳跃或者转身来改变前进的方向。这看起来十分有趣，但也会帮助它们更好地摆脱天敌的追捕。

锻炼肌肉

跳跃、荡秋千及爬树等活动都能帮助小狒狒变得更加强壮。因为它们要快快长大，跟上狒狒群的行动步伐。

等奇怪的叫声来交流。

贪玩的熊猫宝宝

大熊猫喜欢吃竹子，但是这并不能给它们补充太多的能量，所以大部分时间它们都在吃和睡。

妈妈，我觉得你比我更爱玩。

大熊猫妈妈会让它的

我们玩什么呀

　　一般来说，大熊猫在野外喜欢独自生活，但是在大熊猫救助中心，它们会一起生活，一起摔跤打闹，甚至还会分享玩具。

爬树

　　大熊猫大多数时间都在睡觉。它们喜欢待在树上，所以熊猫宝宝很快就能学会爬树——它们六个月大的时候就能爬树了。

大熊猫是中国的特有物种，主要生活在高山深谷中。大熊猫属于易危动物，所以需要人类的保护。现在，野生大熊猫的数量已经超过自然保护区内的大熊猫数量了。

下去的路好长啊！别担心，我有锋利的爪子，能够抓住树皮，慢慢往下爬。

宝宝陪它一起玩耍。

无聊的一天

红毛猩猩一般独自生活，但是当小红毛猩猩聚在一起时，它们喜欢和小伙伴们一起玩耍，比如互相挠痒痒、在地上打滚儿，而且一玩就是几个小时。

这把"伞"真好用

红毛猩猩发现那些又大又厚的树叶是很好用的"雨伞"，能够帮助它们的毛发在下雨天保持干燥。红毛猩猩十分讨厌被雨水淋得湿漉漉的。

晚上，红毛猩猩会在

抓紧

　　红毛猩猩宝宝会在它们的妈妈身边待到八岁左右。它们会在树上的家里度过无忧无虑的童年，这都归功于它们强壮的四肢——帮助它们在树林里自由地穿梭。

树上筑巢睡觉。

跳！跳！跳！

当狐猴群需要迁徙时，它们便会成群结队地穿过马达加斯加的原始森林。图中的这只小狐猴正趴在它妈妈的后背上随着猴群一起"搬家"。

狐猴大部分时间生活在树上，

不打不相识

　　当两只狐猴初次相遇时，它们很有可能会大打出手。但如果它们互相认识，就不会攻击对方。因此，让两只狐猴相识的最好方法就是摔跤或者打闹一场。

> 我的长臂、长腿和尾巴能够帮我更好地保持平衡。

日行百里的狐猴

　　狐猴十分善于爬树，但是它们并不擅长直立行走。所以当狐猴需要到地面上行动时，它们通常选择双脚着地，侧身跳跃着前进，只要几秒钟，就能消失在树丛中。

它们会在树枝间跳来跳去。

一起来滚雪球吧

日本猕猴生活在日本的高山和丛林中。它们十分擅于在白雪皑皑的冬天寻找欢乐。

滚雪球

年幼的日本猕猴热衷于滚雪球。它们会随身带着滚好的雪球，甚至站在上面，但是并不会拿雪球"打雪仗"。

日本猕猴也被称为雪猴。

这是我的雪球，
谁也别想抢走它！

和谐大家庭

通常来说，会有超过四十只猕猴共同生活在一个猴群中，它们互相陪伴、一起玩耍。

外面好冷啊

冬天，猕猴生活的地方变得十分寒冷。这时它们会成群结队地跑到温泉中取暖，这与我们在寒冷的冬天喜欢泡热水澡一样。

这两只海狮正在玩追逐游戏。

海狮用它们强壮有力的鳍肢在海里游泳。

爱冲浪的小海狮

海狮是一种群居动物，它们会花很多时间在海里玩耍，并且以高智商和超强的记忆力著称。

你肯定抓不到我，因为我会躲开你。

海狮在潜水时会关闭耳朵和鼻孔。

冲浪

　　与人类一样，海狮也喜欢在海里冲浪，但是它们会成群结队地去冲浪。

海里的杂技演员

　　在陆地上，海狮可能会略显笨拙。但是，海狮完美的流线型身体使得它们可以轻松地在海里游泳。

慢慢来

树袋熊（亦称考拉）没有多余的精力和时间去玩耍——因为它们每天要睡十八个小时！剩下的时间则用来吃饭。

我好想离开这个地方，回到我自己的树上舒舒服服地睡一会儿。

抱团取暖

野生考拉一般独自生活。但是自然保护区里的考拉似乎很喜欢在一起生活。

考拉生活在澳大利亚的桉树林里。

树上的生活

　　考拉大部分时间生活在树上。它们缓慢地在树冠间爬行，寻找树叶吃，有时也会跳到其他树上。

运动时间到

　　年幼的考拉与袋鼠一样，在出生后的六个月里都会待在妈妈的育儿袋里。而接下来的六个月，它们会挂在妈妈身上，和妈妈一起行动。

预备！冲啊！

企鹅通常以群居的方式生活，就像这些阿德利企鹅，它们的数量十分惊人。它们经常在一只企鹅的带领下玩耍。一只企鹅走到哪里，其他的企鹅也会紧随其后。

等等我！

咱们一起
上啊！注意我
们的姿势，脚
向后蹬，头向
下低……

准备好跳水了吗

企鹅在冰面上休息，但是需要到海里去寻找食物。它们通常成群结队地行动，一只接着一只跳进海中，看起来十分有趣。

阿德利企鹅在海上冲浪的

像平底雪橇一样滑行

　　企鹅的步行速度很慢，但是它们用肚子滑行的时候前进速度就很快，而且它们很喜欢用这种方式赶路。

跟上！
记得收腹，然后
用你的后脚向前蹬。

真好玩！
现在让我们来
找点鱼吃吧。

姿势很像海豚。

让我们做朋友吧

在野外，动物们一般选择和同类的动物做朋友——这对它们来说比较安全。但是对于宠物来说，它们会遇到许多不同种类的动物，并能成为十分亲密的伙伴。

你能做我的朋友吗

马是一种群居动物。在野外，如果它的身边没有其他的马儿陪伴，它就会去和其他动物一起生活，狗也是如此。

动物之间要互相信任，

加油阿龟!
再快一点!

小猫很喜欢探索。这只小猫以前从没见过乌龟，所以它勇敢地爬到了乌龟的背上想要一探究竟。不过一旦小猫察觉到乌龟对它有威胁，就会立刻跑掉。

这已经是我最快的速度啦!

才能在一起玩耍。

术语表

当你通过阅读本书学习有关动物的知识时，这些特殊词汇会帮助你更好地理解书中的内容。

捕猎：捕捉（野生动物）；猎取。

哺乳动物：最高等的脊椎动物，基本特点是靠母体的乳腺分泌乳汁哺育初生幼体。除最低等的单孔类是卵生的以外，其他哺乳动物全是胎生的。

巢穴：鸟兽住的地方。

救助中心：动物救助中心是一个安全的地方，在这里受伤的动物得到照顾，珍稀动物得到保护。

猎物：猎取到的或作为猎取对象的鸟兽。

灵长类动物：最高等的动物类群，属于哺乳动物中的一类，包括猴、类人猿等。

流线型：前圆后尖，表面光滑，略像水滴的形状。

马驹：小马。

觅食：寻找食物。

鳍肢：这是部分海洋动物的一种平板状肢，海狮和企鹅等动物都有这样的鳍肢。

群居动物：聚集在同一区域或环境内的动物群体。

梳理毛发：有些动物会用爪子为自己或群体里的其他动物整理毛发。

昼伏夜出：白天休息，夜晚外出活动。

自然保护区：国家为保护有代表性的自然生态系统、珍稀濒危动植物和有特殊意义的自然遗迹而依法规定的区域。

玩耍是学习新事物的

再见啦!
希望你现在已经
了解了不同动物宝宝的
成长过程!

致谢

The publisher would like to thank the following for their kind permission to reproduce their photographs:
(Key: a-above; b-below/bottom; c-centre; f-far; l-left; r-right; t-top)

Alamy Images: AfriPics.com 35; Arco Images GmbH/C. Huetter 5t, 36-37; blickwinkel/Schmidbauer 22-23; Penny Boyd 45t; Mike Cooper 29cr; Holger Ehlers 31br; Patrick J. Endres 58-59; Don Grall/Danita Delimont 59br; Ellen Isaacs 11br; Ernie Janes 13b; Gavriel Jecan/Danita Delimont 31t; Juniors Bildarchiv/F314 6-7, 7br; Juniors Bildarchiv/F248 28-29; Juniors Bildarchiv/F259 6cl; Juniors Bildarchiv/F315 60cla; Juniors Bildarchiv/F393 11tr; Juniors Bildarchiv/R304 14cl; Peter Lewis 13tr; Wayne Lynch/All Canada Photos 19b; Barrie Neil 34; Photoshot Holdings Ltd 44b; David & Micha Sheldon/F1online digitale Bildagentur GmbH 16-17; Darron R. Silva/Aurora Photos 57cl; Peter Steiner 25; Top-Pics TBK 14-15; T. Ulrich/ClassicStock 24l; Maximilian Weinzierl 7tr; WILDLIFE GmbH 15tr, 57tl; Konrad Wothe/Imagebroker 8b.
Corbis: AlaskaStock 21b; Theo Allofs 55t; DLILLC 29tl; W. Wayne Lockwood, M.D. 27tr; Roberta Olenick/All Canada Photos 26cl, 26-27; John Pitcher/Design Pics 24cr; Paul A. Souders 35tl. **FLPA**: Ingo Arndt/Minden Pictures 4, 42cr; Stephen Belcher/Minden Pictures 53cr; Gerry Ellis/Minden Pictures 1, 40, 41tr, 41cl, 41crb; Suzi Eszterhas/Minden Pictures 49l, 49r; John Eveson 12-13; Katherine Feng/Minden Pictures 47tl; Sumio Harada/Minden Pictures 27cr; Michio Hoshino/Minden Pictures 19t; ImageBroker 60bl, 60-61; Mitsuaki Iwago/Minden Pictures 5c, 53l, 56; Thomas

最佳方式之一!

Marent/Minden Pictures 62, 63; Yva Momatiuk & John Eastcott/Minden Pictures 32; Elliot Neep 3; Cyril Ruoso/Minden Pictures 50; Jurgen & Christine Sohns 25tr; Terry Whittaker 23tr; Konrad Wothe/Minden Pictures 9r, 52cr, 53tr; ZSSD/Minden Pictures 42clb, 46. **Getty Images**: China Span/Keren Su 47r; Digital Vision/Karl Ammann 39b; Flickr/Photo by PJ Taylor 10-11; Fuse 54-55, 59t; The Image Bank/Daniel J. Cox 2; National Geographic/Michael Nichols 38, 44-45; National Geographic/Norbert Rosing 18, 33tl; Panoramic Images 37br; Riser/Keren Su 52l; Riser/Kevin Schafer 37tr; Riser/Paul Souders 32cr; Robert Harding World Imagery/Thorsten Milse 21tl; Workbook Stock/Jami Tarris 44cra. **National Geographic Stock**: Suzi Eszterhas/Minden Pictures 42-43. **naturepl.com**: Jane Burton 9cl; Chris Gomersall 33r; Steven Kazlowski 20; Inaki Relanzon 50c, 51cl, 51c, 51cr; Anup Shah 39tr, 48; Dave Watts 57r. **Photolibrary**: Juniors Bildarchiv 14bl; Morales Morales 30-31; OSF/Mary Plage 55b; OSF/Owen Newman 18tr; Ronald Wittek 17t. **SeaPics. com**: George Jiri Karbus 23crb. **Specialist Stock/Still Pictures**: Biosphoto/Cyril Ruoso 51tr. **Warren Photographic**: 5b.

Jacket images: *Front*: **Alamy Images**: Mark Newman/Alaska Stock LLC. *Back*: **FLPA**: Gerry Ellis/Minden Pictures tl. **Getty Images**: The Image Bank/Eastcott Momatiuk.

All other images © Dorling Kindersley

感谢杰马·威斯汀和罗伯·纳恩。